Lee Aucoin, *Directora creativa*
Jamey Acosta, *Editora principal*
Heidi Fiedler, *Editora*
Producido y diseñado por
Denise Ryan & Associates
Ilustraciones © Sharon Wagner
Traducido por Santiago Ochoa
Rachelle Cracchiolo, *Editora comercial*

Teacher Created Materials

5301 Oceanus Drive
Huntington Beach, CA 92649-1030
http://www.tcmpub.com
ISBN: 978-1-4807-2990-2
© 2014 Teacher Created Materials
Printed in China 51497

La mona Maya

Escrito por Janeen Brian
Ilustrado por Sharon Wagner

La pequeña mona Maya creció. Su cola era larga y fuerte.

—¡Es demasiado larga! —decía Maya.

3

—¡Ven a balancearte! —le dijeron
sus amigos.

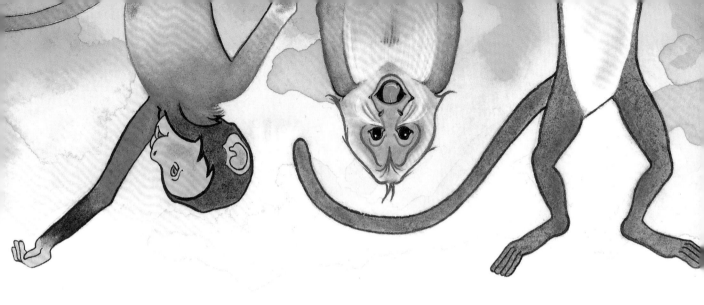

—–No —dijo Maya—.
Mi cola es demasiado larga.

Maya caminó hacia el río. Vio a Leopardo en el camino. ¡Qué cola tan suave y moteada tenía!

Vio a Pavo Real.
Su cola era brillante y hermosa.

Vio a Elefante.
La cola de Elefante era gris y velluda.

Vio a Serpiente.
¡La cola de Serpiente era lisa y brillante!

13

Vio a Cocodrilo.

—¿Cómo es tu cola? —preguntó Maya.

—Es larga y fuerte —dijo Cocodrilo—.
Puedes pasear en ella por el río.

—¿Puedo? —preguntó Maya.

—¡Ven e inténtalo!
—dijo Cocodrilo.

Maya trepó a la cola de Cocodrilo.
Cocodrilo dio vuelta...

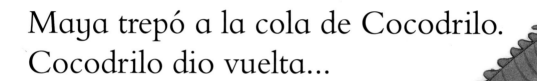

¡ZAS!

—¡Ay! —gritó Maya. Y saltó de nuevo al árbol.

19

Luego, la mona Maya se fue balanceando a casa. ¡Le ENCANTÓ su cola larga, fuerte y café de mona!